by James Richard

ROOTS WORKBOOK

January 2020

Copyright © 2020

All rights reserved. No part of this publication may be reproduced, distributed, or transmitted in any form or by any means, including photocopying, recording, or other electronic or mechanical methods, without the prior written permission of the publisher, except in the case of brief quotations embodied in critical reviews and certain other noncommercial uses permitted by copyright law. For permission requests, write to the publisher using address below.

delightfulbook@gmail.com

© 2020

Contents

ROOTS 1
   Definition 1
PROPERTIES 3
TEST WITH SOLUTION 11
WORKBOOK TESTS 34

ROOTS

Definition

$\sqrt[n]{a} = x \Rightarrow x^n = a$

$\sqrt[n]{a^n} = a$, (n is an odd number)

$\sqrt[n]{a^n} = a$, (n is an even number)

$a<0 \Rightarrow \sqrt[n]{a^n} \notin R$ (n is an even number)

(*Example*):

$$\sqrt{0.25} + \sqrt{1.21} + \sqrt{1.44} = ?$$

(Solution):

$$\sqrt{0.5^2} + \sqrt{1.1^2} + \sqrt{1.2^2}$$

=0.5+1.1+1.2=2.8

(Example):

$$\frac{\sqrt[3]{(-3)^3} - \sqrt[6]{(-3)^6}}{-\sqrt{(-2)^2} - \sqrt[6]{-243}} = ?$$

A)-6   B)-3   C)3   D)6

(Solution):

$$\frac{\sqrt[3]{(-3)^3} - \sqrt[6]{(-3)^6}}{-\sqrt{(-2)^2} - \sqrt[6]{(-3)^5}}$$

$$= \frac{-3-3}{-2+3} = \frac{-6}{1} = -6$$

(Example):

$$\frac{\sqrt{2,7} + \sqrt{5,4}}{\sqrt{0,-1} + \sqrt{0,4}} = ?$$

(Solution):

$$\frac{\sqrt{2+\frac{7}{9}} + \sqrt{5+\frac{4}{9}}}{\sqrt{\frac{1}{9}} + \sqrt{\frac{4}{9}}}$$

$$= \frac{\sqrt{2+\frac{7}{9}} + \sqrt{5+\frac{4}{9}}}{\frac{1}{3}+\frac{2}{3}} = \frac{\frac{5}{3}+\frac{7}{3}}{\frac{3}{3}} = \frac{\frac{12}{3}}{1} = 4$$

PROPERTIES

1. $\sqrt[m]{a^n} = a^{\frac{n}{m}}$

(Example):

$$\sqrt[3]{3^{x+6}} + 9.\sqrt[3]{8.3^x} = 9 \implies x = ?$$

A)-3   B)-1   C)1   D)3   E)4

(Solution):

$$\sqrt[3]{3^x.3^6} + 9.\sqrt[3]{8.3^x} = 9$$

$3^2 \sqrt[3]{3^x} + 2.9.\sqrt[3]{3^x} = 9$

$27\sqrt[3]{3^x} = 9$

$3^{\frac{x}{3}} = 3^{-1}$

$\frac{x}{3} = -1 \Rightarrow x = -3$

-Answer A

2. $\sqrt[m]{\sqrt[n]{a}} = \sqrt[m.n]{a}$

$\sqrt[-x-3]{\sqrt[x-3]{81}} = \sqrt[4]{3} \Rightarrow x = ?$

A)1   B)3   C)5   D)7   E)9

(Solution):

$\sqrt[x^2-9]{81} = \sqrt[4]{3}$

$3^{\frac{4}{x^2-9}} = 3^{\frac{1}{4}}$

$\frac{4}{x^2-9} = \frac{1}{4}$

$x^2 - 9 = 16 \Rightarrow x^2 = 25$

X=5

3. $\sqrt{a+\sqrt{b}} = \sqrt{\dfrac{a+\sqrt{a^2-b}}{2}} + \sqrt{\dfrac{a-\sqrt{a^2-b}}{2}}$

4. $\sqrt{a-\sqrt{b}} = \sqrt{\dfrac{a+\sqrt{a^2-b}}{2}} - \sqrt{\dfrac{a-\sqrt{a^2-b}}{2}}$

(Example):

$$\sqrt{3-2\sqrt{2}} = ?$$

(Solution):

$$\sqrt{3-2\sqrt{2}} = \sqrt{(\sqrt{2}-\sqrt{1})^2}$$
$$= \sqrt{2} - 1$$

(Example):

$$(2-\sqrt{3}) \cdot \sqrt{7+4\sqrt{3}} = ?$$

A)1   B)2   C)3   D)4   E)5

(Solution):

$$=(2-\sqrt{3})\cdot\sqrt{7+2.2\sqrt{3}}$$
$$=(2-\sqrt{3})\cdot\sqrt{7+2\sqrt{12}}$$
$$=(2-\sqrt{3})\cdot(\sqrt{4}+\sqrt{3})$$
$$=(2)^2-(\sqrt{3})^2$$
$$=4-3=1$$

Answer A

(Example):

$$\sqrt{14+8\sqrt{3}}=2\sqrt{2}+b \Rightarrow 2\sqrt{3}.b=?$$

A) $\sqrt{2}$ B) $2\sqrt{2}$ C) $3\sqrt{2}$ D) $4\sqrt{2}$ E) $6\sqrt{2}$

(Solution):

$$\sqrt{14+2.4\sqrt{3}}=2\sqrt{2}+b$$
$$\sqrt{14+2\sqrt{48}}=2\sqrt{2}+b$$
$$\sqrt{8}+\sqrt{6}=\sqrt{8}+b$$
$$b=\sqrt{6}\,dir$$
$$2\sqrt{3}.b=2\sqrt{3}\sqrt{6}$$
$$=2\sqrt{18}=2.3\sqrt{2}=6\sqrt{2}$$

Answer E

(Example):

$$\sqrt{5}=x \Rightarrow \sqrt{9-4\sqrt{5}}=?$$

A) x-1   B) x-2   C) x+1

D) x+2   E) x+4

(Solution):

$$\sqrt{9 - 2.2\sqrt{5}} = \sqrt{9 - 2\sqrt{20}}$$
$$= \sqrt{5} - \sqrt{4}$$
$$= x - 2$$

Answer B

(Example):

$$\sqrt{2 + \sqrt{3}} - \sqrt{4 - 2\sqrt{3}}$$

A) 1   B) 2   C) 4   D) 6   E) 8

(Solution):

$$\sqrt{2 + \sqrt{3}} - \sqrt{4 - 2\sqrt{3}} = \sqrt{3} + 1 - (\sqrt{3} - 1)$$
$$= \sqrt{3} + 1 - \sqrt{3} + 1$$

$= 2$

Answer B

(Example):

$\sqrt{2+\sqrt{3}} - \sqrt{2-\sqrt{3}}$

A) $\sqrt{2}$ B) $2\sqrt{2}$ C) 4   D) $4\sqrt{2}$ E) 8

(Solution):

$\sqrt{2+\sqrt{3}} - \sqrt{2-\sqrt{3}}$

$= \left(\sqrt{\dfrac{3}{2}} + \sqrt{\dfrac{1}{2}}\right) - \left(\sqrt{\dfrac{3}{2}} - \sqrt{\dfrac{1}{2}}\right)$

$= \sqrt{\dfrac{3}{2}} + \sqrt{\dfrac{1}{2}} - \sqrt{\dfrac{3}{2}} + \sqrt{\dfrac{1}{2}}$

$= 2\sqrt{\dfrac{1}{2}} = \sqrt{4 \cdot \dfrac{1}{2}} = \sqrt{2}$

-Answer A

5. $x = \sqrt[n]{a\sqrt[n]{a\sqrt[n]{a\ldots\ldots}}} \Rightarrow x = \sqrt[n-1]{a}$

6. $a.\sqrt[n]{x} + b.\sqrt[n]{x} - c.\sqrt[n]{x} = (a+b-c).\sqrt[n]{x}$

(Example):

$$\sqrt{40} + \sqrt{\frac{2}{5}} - \sqrt{\frac{2}{5}} = \frac{a\sqrt{40}}{20} \Rightarrow a = ?$$

A) 9   B) 11   C) 13   D) 15   E) 17

(Solution):

$$\sqrt{40 \cdot \frac{2}{5}} + \sqrt{\frac{2}{5} \cdot \frac{2}{5}} - \sqrt{\frac{5}{2} \cdot \frac{2}{5}} = \frac{a\sqrt{40 \cdot \frac{2}{5}}}{20}$$

$$\sqrt{16} + \frac{2}{5} - \sqrt{1} = \frac{40 \cdot a}{20}$$

$$3 + \frac{2}{5} = \frac{a}{5}$$

$$a = 17$$

-Answer E

7. $\sqrt[n]{a} \cdot \sqrt[n]{b} = \sqrt[n]{a \cdot b}$

(Example):

$\sqrt{2}\sqrt{3}........\sqrt{n} = 2\sqrt{30} \Rightarrow n = ?$

A)2   B)3   C)5   D)8   E)16

(Solution):

$\sqrt{2}\sqrt{3}........\sqrt{n} = \sqrt{4.30}$

$\sqrt{n!} = \sqrt{120}$

$120 = 5!$

$n! = 5!$

$\Rightarrow n = 5$

-Answer C

8. $\dfrac{\sqrt[n]{a}}{\sqrt[n]{b}} = \sqrt[n]{\dfrac{a}{b}}$

9. $\dfrac{a}{\sqrt{b}} = \dfrac{a.\sqrt{b}}{\sqrt{b}.\sqrt{b}} = \dfrac{a\sqrt{b}}{b}$

10. $\dfrac{a}{\sqrt{b} + \sqrt{c}} = \dfrac{a.(\sqrt{b} - \sqrt{c})}{(\sqrt{b} - \sqrt{c}).(\sqrt{b} + \sqrt{c})} = \dfrac{a.(\sqrt{b} - \sqrt{c})}{b - c}$

11. $\dfrac{a}{\sqrt{b} - \sqrt{c}} = \dfrac{a.(\sqrt{b} + \sqrt{c})}{(b - \sqrt{c}).(b + \sqrt{c})} = \dfrac{a.(b + \sqrt{c})}{b^2 - c}$

(Example):

$$\frac{1}{\sqrt{3}-\sqrt{2}} - \frac{2}{\sqrt{2}} = ?$$

A) $\dfrac{\sqrt{3}}{2}$ B) $\sqrt{3}$ C) $2\sqrt{3}$ D) $3\sqrt{3}$ E) $4\sqrt{3}$

(Solution):

$$\frac{1}{\sqrt{3}-\sqrt{2}} - \frac{2}{\sqrt{2}}$$
$$= \frac{\sqrt{3}+\sqrt{2}}{3-2} - \frac{2\sqrt{2}}{2}$$
$$= \sqrt{3}+\sqrt{2}-\sqrt{2} = \sqrt{3}$$

-Answer B

(Example):

$$\frac{4}{\sqrt{5}-1} + \frac{1}{\sqrt{2}-1} - \frac{3}{\sqrt{5}-\sqrt{2}} = ?$$

A)1 B)2 C)3 D)4 E)5

(Solution):

$$\frac{4}{\sqrt{5}-1} + \frac{1}{\sqrt{2}-1} - \frac{3}{\sqrt{5}-\sqrt{2}}$$

$$= \frac{4(\sqrt{5}+1)}{5-1} + \frac{\sqrt{2}+1}{2-1} - \frac{3(\sqrt{5}+\sqrt{2})}{5-2}$$

$$= \sqrt{5}+1+\sqrt{2}+1-\sqrt{5}-\sqrt{2} = 2$$

-Answer B

TEST WITH SOLUTION

(Example):

1. $3\sqrt{147} + 2\sqrt{75} - 5\sqrt{108} = ?$

A) 0   B) $\sqrt{3}$ C) $-2\sqrt{7}$ D) $2\sqrt{7}$ E) $6\sqrt{3}$

Çözüm (Solution):

$3\sqrt{147} + 2\sqrt{75} - 5\sqrt{108}$
$= 3\sqrt{49.3} + 2\sqrt{25.3} - 5\sqrt{36.3}$
$= 3.7\sqrt{3} + 2.5\sqrt{3} - 5.6\sqrt{3}$
$= 21\sqrt{3} + 10\sqrt{3} - 30\sqrt{3}$
$= \sqrt{3}$

-Answer B

2. $3\sqrt{40} - \sqrt{250} + \frac{20}{\sqrt{10}} = ?$

A) $\sqrt{10}$ B) $3\sqrt{10}$ C) $5\sqrt{10}$ D) $2\sqrt{20}$ E) $\sqrt{50}$

(Solution):

$$3\sqrt{40} - \sqrt{250} + \frac{20}{\sqrt{10}}$$

$$= 3\sqrt{4.10} - \sqrt{25.10} + \frac{20.\sqrt{10}}{10}$$

$$= 3.2\sqrt{10} - 5.\sqrt{10} + 2.\sqrt{10}$$

$$= 6\sqrt{10} - 5\sqrt{10} + 2.\sqrt{10}$$

$$= (6 - 5 + 2)\sqrt{10} = 3\sqrt{10}$$

-Answer B

3. $18\sqrt{\dfrac{8}{27}} - \sqrt{150} = ?$

A) 0   B) $-\sqrt{6}$ C) $\sqrt{6}$ D) $2-\sqrt{3}$ E) $2\sqrt{3}$

(Solution):

$$18\sqrt{\frac{8}{27}} - \sqrt{150} = 18\sqrt{\frac{4.2}{9.3}} - \sqrt{25.3}$$

$$= 18.\frac{2\sqrt{2}}{3\sqrt{3}} - 5\sqrt{6}$$

$$= 12 \cdot \frac{\sqrt{2}}{\sqrt{3}} - 5\sqrt{6}$$

$$= 12 \cdot \frac{\sqrt{6}}{3} - 5\sqrt{6} = -\sqrt{6}$$

-Answer B

4. $\frac{1}{2}\sqrt{32} - \frac{1}{3}\sqrt{18} + \frac{\sqrt{6}}{\sqrt{3}} = ?$

A) 0   B) −1   C) $\sqrt{2}$ D) $2\sqrt{2}$ E) $\sqrt{3}$

(Solution):

$$\frac{1}{2}\sqrt{32} - \frac{1}{3}\sqrt{18} + \frac{\sqrt{6}}{\sqrt{3}} = \frac{1}{2}\sqrt{16.2} - \frac{1}{3}\sqrt{9.2} + \frac{\sqrt{18}}{3}$$

$$= \frac{1}{2} \cdot 4\sqrt{2} - \frac{1}{3} \cdot 3\sqrt{2} + \frac{3\sqrt{2}}{3}$$

$$= 2\sqrt{2} - \sqrt{2} + \sqrt{2}$$

-Answer D

5. $\sqrt{\frac{1}{16} + \frac{1}{9}} \cdot \sqrt{\frac{1}{9} - \frac{1}{25}} = ?$

A) 1   B) $\frac{1}{3}$ C) 16   D) $\frac{1}{9}$ E) $\frac{1}{20}$

$$\sqrt{\frac{1}{16}+\frac{1}{9}} \cdot \sqrt{\frac{1}{9}-\frac{1}{25}} = \sqrt{\frac{25}{144}} \cdot \sqrt{\frac{16}{225}}$$

$$= \frac{5}{12} \cdot \frac{4}{15} = \frac{20}{180} = \frac{1}{9}$$

-Answer D

11. 4. $\sqrt{\frac{3}{2}} - \sqrt{54} + 3\sqrt{\frac{2}{3}} = ?$

A) 6 B) $\sqrt{6}$ C) $-\sqrt{6}$ D) 0 E) $6\sqrt{6}$

(Solution):

4. $\sqrt{\frac{3}{2}} - \sqrt{54} + 3\sqrt{\frac{2}{3}}$

$= \frac{4.\sqrt{6}}{2} - \sqrt{9.6} + \frac{3.\sqrt{6}}{3}$

$= 2.\sqrt{6} - 3.\sqrt{6} + \sqrt{6} = 0$

-Answer D

12. $\sqrt{1.44} - \sqrt{19.6} + \sqrt{\frac{490}{25}} = ?$

A) 0.2 B) 0.9 C) 1 D) 1.2 E) 1.4

(Solution):

$$\sqrt{\frac{144}{100}} - \sqrt{\frac{196}{10}} + \sqrt{\frac{490}{25}} = \frac{12}{10} - \frac{14}{\sqrt{10}} + \frac{7\sqrt{10}}{5}$$

$$= \frac{12}{10} - \frac{14\cdot\sqrt{10}}{10} + \frac{7\sqrt{10}}{5}$$

$$= \frac{12}{10} - \frac{7\sqrt{10}}{5} + \frac{7\sqrt{10}}{5} = \frac{12}{10} = 1.2$$

-Answer D

13. $\left(1 - \frac{1}{\sqrt{2}}\right)\left(\frac{1}{2 - \sqrt{2}}\right) = ?$

(Solution):

$$\left(1 - \frac{1}{\sqrt{2}}\right)\cdot\left(\frac{1}{2 - \sqrt{2}}\right) = \left(1 - \frac{\sqrt{2}}{2}\right)\left(\frac{1}{2 - \sqrt{2}}\right)$$

$$= \frac{2 - \sqrt{2}}{2} \cdot \frac{1}{2 - \sqrt{2}}$$

$$= \frac{1}{2}$$

-Answer A

14. $\dfrac{2}{1 - \dfrac{\sqrt{2}}{1 - \dfrac{1}{\sqrt{2}-1}}} = ?$

A)-2   B)-1   C)0   D)1   E)2

Solution

$$\dfrac{2}{1 - \dfrac{\sqrt{2}}{1 - \dfrac{1}{\sqrt{2}-1}}} = \dfrac{2}{1 - \dfrac{\sqrt{2}}{1 - \dfrac{\sqrt{2}+1}{1}}}$$

$(\sqrt{2}+1)$

$1 - \dfrac{\sqrt{2}}{1}$ -

$\dfrac{1}{1-\sqrt{2}-1} \cdot \dfrac{1}{1-\sqrt{2}-1}$

$(\sqrt{2}+1)$

$$= \cfrac{2}{1-\cfrac{\sqrt{2}}{1-\sqrt{2}-1}}$$

$$= \cfrac{2}{1-\cfrac{\sqrt{2}}{-\sqrt{2}}}$$

$$= \frac{2}{1+1} = 1$$

-Answer

15. $\dfrac{\sqrt{45+20}}{4\sqrt{20}-\sqrt{5}}$

A) $\dfrac{5}{4}$ B) $\dfrac{5}{3}$ C) $\dfrac{5}{2}$ D) $\dfrac{5}{6}$ E) $\dfrac{5}{7}$

(Solution):

$$\dfrac{\sqrt{45}+\sqrt{20}}{4\sqrt{20}-\sqrt{5}} = \dfrac{\sqrt{9.5}+\sqrt{4.5}}{4\sqrt{4.5}-\sqrt{5}} =$$

$$\dfrac{3.\sqrt{5}+2.\sqrt{5}}{8.\sqrt{5}-\sqrt{5}} = \dfrac{5.\sqrt{5}}{7\sqrt{5}} = \dfrac{5}{7}$$

16. $\dfrac{\sqrt{3}+\sqrt{2}}{\sqrt{3}-\sqrt{2}} - 2\sqrt{6} = ?$

A) 1   B) 2   C) $\sqrt{6}$ D) 4   E) 5

(Solution):

$$\frac{\sqrt{3}+\sqrt{2}}{\sqrt{3}-\sqrt{2}} - 2\sqrt{6} = \frac{(\sqrt{3}+\sqrt{2})(\sqrt{3}+\sqrt{2})}{(\sqrt{3}-\sqrt{2})(\sqrt{3}-\sqrt{2})} - 2\sqrt{6}$$

$$= \frac{3+\sqrt{6}+\sqrt{6}+2}{1} - 2\sqrt{6}$$

$$= 5 + 2\sqrt{6} - 2\sqrt{6} = 5$$

-Answer E

17. $\sqrt{2} + \sqrt{3} \cdot \dfrac{1}{\sqrt{2}+\sqrt{3}}$

A) $-2\sqrt{2}$ B) $-\sqrt{2}$ C) $2\sqrt{2}$ D) $3\sqrt{2}$ E) $4\sqrt{2}$

(Solution):

$$\sqrt{2} + \sqrt{3} \cdot \frac{1}{\sqrt{2}+\sqrt{3}}$$

$$(\sqrt{2} - \sqrt{3})$$

$$= \sqrt{2} + \sqrt{3} \cdot \frac{\sqrt{2}-\sqrt{3}}{(\sqrt{2}+\sqrt{3})(\sqrt{2}-\sqrt{3})}$$

$$= \sqrt{2} + \sqrt{3} - \frac{(\sqrt{2} - \sqrt{3})}{-1}$$

$$= \sqrt{2} + \sqrt{3} + \sqrt{2} - \sqrt{3} = 2\sqrt{2}$$

-Answer C

18. $\dfrac{10}{\sqrt[3]{25}}$

A) $\sqrt{5}$ B) $\sqrt[3]{5}$ C) $2\sqrt[3]{5}$ D) $-\sqrt[3]{5}$ E) $5\sqrt{5}$

(Solution):

$$\frac{10}{\sqrt[3]{25}} = \frac{10}{\sqrt[3]{5^2}} = \frac{10 \cdot \sqrt[3]{5}}{5} = 2\sqrt[3]{5}$$

$(\sqrt[3]{5})$ -Answer C

19. $\dfrac{1}{\sqrt{3}+1} - \dfrac{3}{\sqrt{3}-1} + \dfrac{3}{\sqrt{3}} = ?$

A) $-2\sqrt{3}$ B) -2 C) 1 D) 2
E) $2\sqrt{3}$

(Solution):

$$\frac{1}{\sqrt{3}+1} \cdot \frac{3}{\sqrt{3}-1} + \frac{3}{\sqrt{3}}$$

$$(\sqrt{3}-1)\quad \sqrt{3}+1)\quad (\sqrt{3})$$

$$= \frac{\sqrt{3}-1)}{3-1} - \frac{3.\sqrt{3}+1}{3-1} + \frac{3\sqrt{3}}{3}$$

$$= \frac{\sqrt{3}-1)}{2} - \frac{3.\sqrt{3}+1}{2} + \sqrt{3})$$

$$= \frac{\sqrt{3}-1-3\sqrt{3}-3}{2} + \sqrt{3}$$

$$= \frac{-2\sqrt{3}-4}{2} + \sqrt{3}$$

$$= \frac{2(-\sqrt{3}-2)}{2} + \sqrt{3}$$

$$= -\sqrt{3}-2+\sqrt{3}$$

$$= -2$$

-Answer B

20. $\dfrac{(\sqrt[3]{4}-\sqrt[3]{2})}{\sqrt[3]{2}-1}$ =?

A)2   B)4   C)6   D)8   E)10

(Solution):

$$\frac{(\sqrt[3]{4}-\sqrt[3]{2})}{\sqrt[3]{2}-1} = \frac{\sqrt[3]{4^2}-\sqrt{2^2}}{\sqrt[3]{2}-1}$$

$$= \frac{\sqrt[3]{16}-2}{\sqrt[3]{2}-1} = \frac{\sqrt[3]{2^3 \cdot 2}-2}{\sqrt[3]{2}-1}$$

$$= \frac{2\sqrt[3]{2}-2}{\sqrt[3]{2}-1}$$

$$= \frac{2(\sqrt[3]{2}-1)}{\sqrt[3]{2}-1} = 2 \qquad \text{-Answer B}$$

21. $\dfrac{\sqrt{\dfrac{0.4}{10}}}{\sqrt{0.04}-\sqrt{0.16}}=?$

A) 4   B) 2   C) 0.5   D) -1   E) -1.5

(Solution):

$$\frac{\sqrt{\frac{0.4}{10}}}{\sqrt{0.04}-\sqrt{0.16}} = \frac{\sqrt{0.04}}{\sqrt{0.04}-\sqrt{0.16}}$$

$$=\frac{0.2}{0.2-0.4} = \frac{0.2}{-0.2} = -1$$

-Answer D

22. $\dfrac{\sqrt{0.64}-\sqrt{1.96}}{\sqrt{0.36}} + 1 = ?$

A)-2   B)-1   C)0   D)1   E)2

(Solution):

$$\frac{\sqrt{0.64}-\sqrt{1.96}}{\sqrt{0.36}} + 1 = \frac{\sqrt{(0.8)^2}-\sqrt{(1.4)^2}}{\sqrt{(0.6)^2}} + 1$$

$$= \frac{0.8-1.4}{0.6} + 1$$

$$= \frac{-0.6}{0.6} + 1 = -1+1 = 0$$

-Answer C

23. $\sqrt{(0.6)^{-1} \cdot 6^{-1}} : (1.3)^{-1} = ?$

A) 3   B) 2   C) $\dfrac{1}{2}$ D) $\dfrac{2}{3}$ E) $\dfrac{3}{8}$

(Solution):

$\sqrt{(0.6)^{-1} \cdot 6^{-1}} : (1.3)^{-1} = \sqrt{\left(\dfrac{6}{9}\right)^{-1} \cdot \dfrac{1}{6}} : \left(\dfrac{13-1}{9}\right)^{-1}$

$= \sqrt{\dfrac{9}{6} \cdot \dfrac{1}{6}} : \dfrac{9}{12}$

$\sqrt{\dfrac{9}{36}} : \dfrac{9}{12} = \dfrac{3}{6} \cdot \dfrac{12}{9} = \dfrac{2}{3}$

-Answer D

24. $\sqrt{(-2)^{-4}} + \left(\dfrac{1}{3}\right)^{-1} - \sqrt[3]{-8} = ?$

A) 5.25   B) -1.25   C) 5   D) 1.25   E) 9

(Solution):

$$\sqrt{(-2)^{-4}} + \left(\frac{1}{3}\right)^{-1} - \sqrt[3]{-8} = \sqrt{\frac{1}{(-2)^4}} + 3 - \sqrt[3]{-8}$$

$$\sqrt{\frac{1}{16}} + 3 - (-2)$$

$$= \frac{1}{4} + 3 + 2 = \frac{1}{4} + 5$$

$$= \frac{21}{4} = 5.25$$

-Answer D

25. $\dfrac{\sqrt{7+\dfrac{1}{9}}}{0.13}$ =?

A)10   B)15   C)18   D)20   E)30

(Solution):

$$\frac{\sqrt{7+\dfrac{1}{9}}}{0.13} = \frac{\sqrt{\dfrac{64}{9}}}{\dfrac{13-1}{90}} = \frac{\sqrt{\dfrac{8}{3}}}{\dfrac{12}{90}}$$

$$\frac{8}{=3}.\frac{90}{12} = 20$$

Yanit – Answer C

26. $\sqrt[7]{8}.^{\frac{2}{.}} = ?$ A)$\sqrt[7]{2}$ B)$\sqrt[7]{4}$ C)$\sqrt[7]{8}$ D)$\sqrt[7]{16}$ E)$\sqrt[7]{32}$

(Solution):

$$\frac{2}{\sqrt[7]{8}} = \frac{2}{\sqrt[7]{2^3}} = 2^{\frac{2}{3}} = 2^{1-\frac{3}{7}}$$

$$= 2^{\frac{4}{7}} = \sqrt[7]{2^4} = \sqrt[7]{16}$$

Yanit – Answer D

27. $\sqrt{2}.\sqrt[3]{3} = ?$

A)$\sqrt[6]{6}$ B)$\sqrt[6]{36}$ C)$\sqrt[6]{48}$ D)$\sqrt[6]{54}$ E)$\sqrt[6]{54}$

(Solution):

$$\sqrt{2} \cdot \sqrt[3]{3} = \sqrt[6]{2^3} \cdot \sqrt[6]{3^2}$$

$$= \sqrt[6]{8} \cdot \sqrt[6]{9} = \sqrt[6]{72}$$

-Answer E

28. $\dfrac{\sqrt{2}}{\sqrt{2} + \dfrac{1}{\sqrt{2} + \dfrac{1}{\sqrt{2}}}} = ?$

A) $\dfrac{2}{3}$ B) $\dfrac{3}{4}$ C) $\dfrac{4}{5}$ D) $\dfrac{5}{4}$ E) $\dfrac{4}{3}$

(Solution):

$$\dfrac{\sqrt{2}}{\sqrt{2} + \dfrac{1}{\sqrt{2} + \dfrac{1}{\sqrt{2}}}} \quad \dfrac{\sqrt{2}}{\sqrt{2} + \dfrac{1}{\dfrac{3}{\sqrt{2}}}} \quad \dfrac{\sqrt{2}}{\sqrt{2} + \dfrac{\sqrt{2}}{3}}$$

$$= \dfrac{\sqrt{2}}{\dfrac{4\sqrt{3}}{3}} = \sqrt{2} \cdot \dfrac{3}{4\sqrt{2}} = \dfrac{3}{4}$$

-Answer B

29. $\dfrac{\sqrt{(-4)^2}+3\sqrt{9}-\sqrt{(-3)^2}}{\sqrt{(-1)^2}+\sqrt{16}} = ?$

A)1   B)2   C)3   D)4   E)5

(Solution):

$$\dfrac{\sqrt{(-4)^2}+3\sqrt{9}-\sqrt{(-3)^2}}{\sqrt{(-1)^2}+\sqrt{16}} = \dfrac{4+9-3}{1+4}$$

$= \dfrac{10}{5} = 2$

-Answer B

30. $\dfrac{\sqrt{20}+\sqrt{45}}{\sqrt{8}+\sqrt{18}} = ?$

A) $\dfrac{3\sqrt{5}}{2}$ B) $2\sqrt{5}$ C) $\dfrac{\sqrt{10}}{2}$ D) $2\sqrt{10}$ E) $\dfrac{2\sqrt{10}}{3}$

28

(Solution):

$$\frac{\sqrt{20}+\sqrt{45}}{\sqrt{8}+\sqrt{18}} = \frac{2\sqrt{5}+3\sqrt{5}}{2\sqrt{2}+3\sqrt{2}} = \frac{5\sqrt{5}}{5\sqrt{2}} = \frac{\sqrt{5}}{\sqrt{2}} = \frac{\sqrt{10}}{2}$$

— Answer C

2. $\dfrac{2\sqrt{3}}{\sqrt{2}} + \dfrac{3\sqrt{2}}{\sqrt{3}} = ?$

A) $2\sqrt{2}$ B) $2\sqrt{3}$ C) $3\sqrt{2}$ D) $2\sqrt{6}$ E) $2\sqrt{6}$

(Solution):

$$\frac{2\sqrt{3}}{\sqrt{2}} + \frac{3\sqrt{2}}{\sqrt{3}}$$

$$\frac{2\sqrt{3}}{\sqrt{2}} + \frac{3\sqrt{2}}{\sqrt{3}} = \frac{6}{\sqrt{6}} + \frac{6}{\sqrt{6}}$$

$$= \frac{12\sqrt{6}}{6}$$

$$= 2\sqrt{6}$$

3. $\sqrt{3^2} - \sqrt{(-3)^2} - (-2)(-3) = ?$

A)-6   B)0   C)3   D)6   E)12

(Solution):

$\sqrt{3^2} = 3$

$\sqrt{(-3)^2} = |3| = 3$

$\sqrt{3^2} = \sqrt{(-3)^2} \cdot (-2) \cdot (-3)$

=3-3-(+6)=-6

-Answer A

4. $\dfrac{2^{1-n} \cdot \sqrt{8^n}}{\sqrt{2^{-n}}}$ =?

A) 2^n B) 2^{n+1} C) 2^{-n}

D) $2^{\frac{1}{2}}$ E) 2^{-1}

(Solution):

$$\frac{2^{1-n}\cdot\sqrt{8^n}}{\sqrt{2^{-n}}} = \frac{2^{1-n}\cdot\sqrt{2^{3n}}}{2^{-\frac{n}{2}}}$$

$$\frac{2^{1-n}\cdot 2^{\frac{3n}{2}}}{2^{-\frac{n}{2}}}$$

$$2^{\left(1-n+\frac{3n}{2}+\frac{n}{2}\right)} = 2^{n+1}$$

-Answer B

5. $\sqrt{2^2}\cdot\sqrt{(-3)^2}-\sqrt{(-3)^2}-\sqrt{2^2}=?$

A)-5   B)-3   C)-1   D)1   E)2

(Solution):

$\sqrt{2^2}\cdot\sqrt{(-3)^2}-\sqrt{(-3)^2}-\sqrt{2^2}$

$\sqrt{2^2}=2$

$\sqrt{(-3)^2}=|-3|=3$

$=\sqrt{2^2}\cdot\sqrt{(-3)^2}-\sqrt{(-3)^2}-\sqrt{2^2}$

=2.3-3-2

=6-5 =1

-Answer D

6. $\sqrt{(-8)^2} \cdot \sqrt[3]{(-8)^3}$ =?

A)-16   B)-8   C)0   D)8   E)18

(Solution):

$\sqrt{(-8)^2} \cdot \sqrt[3]{(-8)^3}$

$\sqrt{(-8)^2} = |-8| = 8$

$\sqrt[3]{(-8)^3} = -8$

$\sqrt{(-8)^2} \cdot \sqrt[3]{(-8)^3}$ =8-(-8)=16

-Answer

7. a=$\sqrt{5}$-1 $\Rightarrow \left(\dfrac{1}{a} - \dfrac{1}{b}\right)^{\frac{1}{2}}$ =?

b=$\sqrt{5}$+1

A) $\dfrac{\sqrt{2}}{2}$ B) $\dfrac{\sqrt{3}}{2}$ C) $2\sqrt{2}$ D) $2\sqrt{3}$ E) $4\sqrt{2}$

(Solution):

$$\left(\dfrac{1}{a}-\dfrac{1}{b}\right)^{\frac{1}{2}} = \left(\dfrac{1}{\sqrt{5}-1}-\dfrac{1}{\sqrt{5}+1}\right)^{\frac{1}{2}}$$

$$\dfrac{1}{\sqrt{5}-1} = \dfrac{1}{\sqrt{5}-1}\cdot\dfrac{\sqrt{5}+1}{\sqrt{5}+1} = \dfrac{\sqrt{5}+1}{5-1} = \dfrac{\sqrt{5}+1}{4}$$

$$\dfrac{1}{\sqrt{5}+1} = \dfrac{1}{\sqrt{5}+1}\cdot\dfrac{\sqrt{5}-1}{\sqrt{5}-1} = \dfrac{\sqrt{5}-1}{5-1} = \dfrac{\sqrt{5}-1}{4}$$

$$\left(\dfrac{1}{\sqrt{5}-1}-\dfrac{1}{\sqrt{5}+1}\right)^{\frac{1}{2}} = \left(\dfrac{\sqrt{5}+1}{4}-\dfrac{\sqrt{5}-1}{4}\right)^{\frac{1}{2}}$$

$$\left(\dfrac{\sqrt{5}+1-\sqrt{5}+1}{4}\right)^{\frac{1}{2}} = \left(\dfrac{2}{4}\right)^{\frac{1}{2}} = \sqrt{\dfrac{1}{2}} = \dfrac{1}{\sqrt{2}} = \dfrac{\sqrt{2}}{2}$$

-Answer B

8. $\dfrac{3}{\sqrt{7}-\sqrt{5}}\cdot\dfrac{3}{\sqrt{7}+\sqrt{5}} = 3p \Rightarrow p = ?$

A) 2 B) 2 C) $\sqrt{2}$ D) $\sqrt{3}$ E) $\sqrt{5}$

(Solution):

$$\frac{3}{\sqrt{7}-\sqrt{5}} = \frac{3}{\sqrt{7}-\sqrt{5}} \cdot \frac{\sqrt{7}+\sqrt{5}}{\sqrt{7}+\sqrt{5}}$$

$$= \frac{3\sqrt{7}+3\sqrt{5}}{7-5} = \frac{3\sqrt{7}+3\sqrt{5}}{2}$$

$$\frac{3}{\sqrt{7}+\sqrt{5}} = \frac{3}{\sqrt{7}+\sqrt{5}} \cdot \frac{\sqrt{7}-\sqrt{5}}{\sqrt{7}-\sqrt{5}}$$

$$= \frac{3\sqrt{7}-3\sqrt{5}}{7-5} = \frac{3\sqrt{7}-3\sqrt{5}}{2}$$

$$\frac{3}{\sqrt{7}-\sqrt{5}} - \frac{3}{\sqrt{7}+\sqrt{5}} = \frac{3\sqrt{7}+3\sqrt{5}}{2} - \frac{3\sqrt{7}-3\sqrt{5}}{2}$$

$$\frac{3\sqrt{7}+3\sqrt{5}-3\sqrt{7}+3\sqrt{5}}{2} =$$

$$\frac{6\sqrt{5}}{2} = 3\sqrt{5} = 3p \Rightarrow p = \sqrt{5}$$

-Answer E

9. $\dfrac{\sqrt{0.81}+\sqrt{0.49}}{\sqrt{2.56}-\sqrt{1.44}} = ?$

A) 0.4 B) 0.2 C) 1 D) 2 E) 4

(Solution):

$$\frac{\sqrt{0.81}+\sqrt{0.49}}{\sqrt{2.56}-\sqrt{1.44}} = \frac{0.9+0.7}{1.6-1.2}$$

$$=\frac{1.6}{0.4}=4$$

-Answer E

10. $\sqrt{3+2\sqrt{2}} - \sqrt{3-2\sqrt{2}} = ?$

A) $2\sqrt{3}$ B) $\sqrt{3}$ C) $\sqrt{2}$ D) 3   E) 2

(Solution):

$\sqrt{3+2\sqrt{2}} - \sqrt{3-2\sqrt{2}} = \sqrt{(\sqrt{2}+1)^2} - \sqrt{(\sqrt{2}-1)^2}$

$= \sqrt{2}+1-(\sqrt{2}-1) = \sqrt{2}+1-\sqrt{2}+1 = 2$

-Answer E

11. $a,b \in Z$

$\sqrt{72} - \sqrt{50} + \sqrt{27} = a\sqrt{2} + b\sqrt{3}$

$\Rightarrow 7a - b = ?$

A) -3   B) -2   C) 4   D) $2\sqrt{2}$ E) $3\sqrt{3}$

Çözüm (Solution):

$\sqrt{72} - \sqrt{50} + \sqrt{27} = a\sqrt{2} + b\sqrt{3}$

$6\sqrt{2} - 5\sqrt{2} + 3\sqrt{3} = a\sqrt{2} + b\sqrt{3}$

$\sqrt{2} + 3\sqrt{3} = a\sqrt{2} + b\sqrt{3}$

a=1⇒

b=3⇒   7a-b=7-3=4

-Answer C

12. $\sqrt[3]{2} \cdot (3\sqrt[3]{32} - \sqrt[3]{108} + \dfrac{6}{\sqrt[3]{54}})$ =?

A) $\sqrt[3]{4}$ B) $2\sqrt[3]{2}$ C) 4   D) 6   E) 8

(Solution):

$$\sqrt[3]{2} \cdot (3\sqrt[3]{32} - \sqrt[3]{108} + \frac{6}{\sqrt[3]{54}})$$

$$= \sqrt[3]{2} \cdot (3 \cdot 2\sqrt[3]{4} - 3 \cdot 3\sqrt[3]{4} + \frac{6}{3\sqrt[3]{2}})$$

$$= \sqrt[3]{2} \cdot \frac{(3 \cdot 2\sqrt[3]{4} - 3 \cdot 3\sqrt[3]{4} + 6)}{3\sqrt[3]{2}}$$

$$= \frac{18 \cdot 2 - 9 \cdot 2 + 6}{3}$$

$$= \frac{18 + 6}{3}$$

$$= \frac{24}{3} = 8$$ **-Answer E**

WORKBOOK TESTS

1. $5^{X+1} = \sqrt{25^{3X}} \Rightarrow X = ?$

A) 0 B) 1 C) $\frac{1}{2}$ D) $\frac{2}{3}$ E) 4

2. $d^2 = \sqrt{2^{n+2}} \Rightarrow \sqrt[3]{d^6} = ?$

A) 2^n B) $2^{\frac{1}{2}+n}$ C) $2^{\frac{n+2}{2}}$ D) 2^{n-2} E) 2^{3n+6}

3. $\sqrt{2010 \cdot 1998 + 36} = ?$

A) 1997 B) 1999 C) 2000

D) 2002 E) 2004

4. $\sqrt{x+\sqrt{x}} + \sqrt{x-\sqrt{x}} = 4 \Rightarrow x = ?$

A. $\frac{9}{4}$ B) $\frac{21}{8}$ C) $\frac{36}{11}$ D) $\frac{64}{15}$ E) $\frac{72}{18}$

38

5. $x \cdot \sqrt{\dfrac{4}{3}} = \sqrt{\dfrac{3}{4}} + \sqrt{\dfrac{4}{3}} \Rightarrow x = ?$

A) $\dfrac{1}{2}$ B) $\dfrac{3}{5}$ C) $\dfrac{6}{7}$ D) $\dfrac{7}{4}$ E) $\dfrac{8}{5}$

6. $\sqrt{3 \cdot \sqrt[3]{3^x}} = 243^{\frac{1}{}} \Rightarrow x = ?$

A) -3   B) -14   C) -16   D) -18

E) -33

7. $\sqrt{x + \sqrt{x^2}} \cdot \sqrt[3]{x + \sqrt{x^2}} = 16^{\frac{5}{12}} \Rightarrow x = ?$

A) 0   B) 1   C) 2   D) 3   E) 4

8. $\dfrac{6 - \sqrt{6}}{\sqrt{3} - \sqrt{2}} = ?$

A) $2\sqrt{3} - 2$ B) $4\sqrt{3} + 3\sqrt{2}$ C) $2\sqrt{2} - \sqrt{3}$ D)) $\sqrt{3} + \sqrt{2}$

E)) $\sqrt{2} - 3\sqrt{3}$

9. $\sqrt[x]{3^X \sqrt{729}} = 3 \Rightarrow X = ?$

A) 0   B) 1   C) 2   D) 3   E) 4

10. $X = \sqrt{\sqrt[3]{\dfrac{2}{\sqrt[3]{2}}}} \Rightarrow x^{18} = ?$

A) 8   B) 16   C) 21   D) 32   E) 64

11. $\sqrt{\dfrac{3^{X+2}}{9^{X-1}}} = 27 \Rightarrow X = ?$

A) -5   B) -2   C) 2   D) 3   E) 8

12. $\dfrac{(\sqrt{5}-2)\cdot(\sqrt{9+2\sqrt{20}})}{\sqrt{2}} = ?$

A) $\dfrac{-\sqrt{2}}{3}$ B) 1 C) $\dfrac{\sqrt{2}}{2}$ D) $\dfrac{-3}{2}$ E) $\dfrac{\sqrt{3}}{5}$

13. $\sqrt[4]{27\sqrt[4]{27\sqrt[4]{27}}} = X,$

$\sqrt{5\sqrt{5\sqrt{5}}} = Y \Rightarrow Y^2 - X^2 = ?$

A) 8   B) 12   C) 16   D) 21   E) 27

14. $\dfrac{1}{2-3\sqrt{3}} + \dfrac{1}{2+3\sqrt{3}} = ?$

A) $-\dfrac{2}{3}$ B) $\dfrac{-14}{5}$ C) $\dfrac{-4}{23}$

D) $\dfrac{-8}{17}$ E) $\dfrac{\sqrt{3}}{2}$

15. $\dfrac{5}{5-\sqrt{5}} \cdot (5+\sqrt{5})^{-1} = ?$

A)$\frac{1}{2}$ B)$\frac{5}{2}$ C)$\frac{1}{4}$ D)$\frac{4}{7}$ $\frac{7}{2}$

16. $\sqrt{9}+\sqrt{4}-\sqrt{(-4)^2}-\sqrt{(-2)^2}=?$

A)1   B)11   C)-10   D)-11

E)-5

17. $\dfrac{1}{\sqrt{7-4\sqrt{3}}}+\dfrac{1}{2+\sqrt{3}}=?$

A)2   B)$2\sqrt{3}$ C)1   D)4   E)$\sqrt{3}$

18. $\sqrt{0.16}+\sqrt{0.64}=?$

A)$\frac{3}{2}$ B)$\frac{6}{5}$ C)$\frac{4}{5}$

D)$\frac{9}{10}$ E)$\frac{12}{7}$

42

19. $\sqrt{\dfrac{3^{-1}}{0.3} : \dfrac{0.09}{10}} = ?$

A) $\dfrac{10}{3}$ B) $\dfrac{10}{9}$ C) $\left(\dfrac{9}{10}\right)^{-2}$

D) $\left(\dfrac{3}{10}\right)^{-2}$ E) $\dfrac{3}{5}$

20. $\sqrt{6+\sqrt{6+\sqrt{6+\sqrt{6+\ldots}}}} \sqrt{X+\sqrt{X+\sqrt{X+\ldots}}} \Rightarrow$

$\Rightarrow n = ?$

A) 8 B) 12 C) 16 D) 27 E) 64

21. $\dfrac{1}{\sqrt{2}-1} - \dfrac{1}{1+\sqrt{2}} = ?$

A) 0 B) $\sqrt{2}$ C) 1 D) -1 E) 2

22. $3^X = 8 \Rightarrow (9^X)^{-1} \cdot (81^X)^2 = ?$

A) a^{-2} B) a^2 C) a^4 D) a^{-5}
E) a^5

23. $\sqrt{a} + \dfrac{1}{\sqrt{a}} = \sqrt{4} \Rightarrow a^2 + \dfrac{1}{a^2} = ?$

A) 9   B) 8   C) 4   D) 2   E) 1

24. $\sqrt{3^4 \sqrt{3^{2X}}} = (\dfrac{1}{81})^2 \Rightarrow$ X = ?

A) -27   B) 81   C) 30   D) 36   E) -21

(Answers)					
1.C	2.C	3.E	4.D	5.D	6.E
7.C	8.B	9.D	10.B	11.B	12.C
13.C	14.C	15.C	16.A	17.D	18.B
19.D	20.D	21.E	22.E	23.D	24.C

1. $4\sqrt{8} + 5\sqrt{18} - 3\sqrt{72} + \sqrt{50} = ?$

A) $6\sqrt{2}$ B) $7\sqrt{2}$ C) $8\sqrt{2}$ D) $9\sqrt{2}$
E) $10\sqrt{2}$

2. $\sqrt{108} - \sqrt{48} - \sqrt{75} = ?$

A) $\sqrt{3}$ B) $-3\sqrt{3}$ C) $2\sqrt{3}$ D) $-\sqrt{3}$
E) 0

3. $3\sqrt[3]{2} + 4\sqrt[3]{16} - 4\sqrt[3]{54} = ?$

A) $-2\sqrt[3]{2}$ B) $-\sqrt[3]{3}$ C) $-\sqrt[3]{2}$ D) $\sqrt[3]{3}$
E) $2\sqrt[3]{3}$

4. $\sqrt[3]{0.006} + \sqrt[3]{0.002} = ?$

A) $\dfrac{\sqrt[3]{2}(\sqrt[3]{2} + 1)}{10}$ B) $\dfrac{\sqrt[3]{2}(\sqrt[3]{3} + 1)}{10}$ C) $\dfrac{\sqrt[3]{3}(\sqrt[3]{2} - 1)}{10}$

D) $\dfrac{\sqrt[3]{3}(\sqrt[3]{2}+1)}{10}$ E) $\sqrt[3]{5}+\sqrt{2}$

5. $\sqrt{1-\dfrac{9}{25}}+\sqrt{1-\dfrac{11}{36}}= ?$

A) $\dfrac{37}{25}$ B) $\dfrac{27}{25}$ C) $\dfrac{49}{30}$

D) $\dfrac{51}{25}$

E) $\dfrac{49}{16}$

6. $\sqrt{4^2-3^2}\cdot\sqrt[4]{7^2}= ?$

A) 0   B) 1   C) 2   D) 3   E) 40

7. $\dfrac{\sqrt[3]{16}+\sqrt[3]{54}-\sqrt[3]{250}+\sqrt[3]{128}}{\sqrt[3]{16}-\sqrt[3]{250}}= ?$

A) $-\dfrac{1}{2}$ B) $-\dfrac{2}{3}$ C) $-\dfrac{3}{4}$

D) $-\dfrac{4}{3}$ E) $-\dfrac{5}{4}$

8. $3\sqrt{2} + 4\sqrt{8} - 5\sqrt{50} + 8\sqrt{32} = ?$

A) $10\sqrt{2}$ B) $12\sqrt{2}$ C) $4\sqrt{3}$

D) $16\sqrt{2}$ E) $18\sqrt{2}$

9. $2\sqrt[3]{3} - 3\sqrt[3]{24} + 4\sqrt[3]{81} = ?$

A) $\sqrt[3]{3}$ B) $2\sqrt[3]{3}$ C) $4\sqrt[3]{3}$

D) $6\sqrt[3]{3}$ E) $8\sqrt[3]{3}$

10. $X > 0, Y > 0, Z > 0 \Rightarrow$

$6\sqrt{XY^2Z^2} + \dfrac{8}{2}\sqrt{XY^2Z^4} \dfrac{6}{Y}\sqrt{XY^4Z^2} = ?$

A) $8YZ\sqrt{X}$ B) $6YZ\sqrt{X}$ C) $\sqrt{X^2 - 1}$

D) $\sqrt{X-1}$ E) $6Y\sqrt{X-1}$

11. $X > 1 \Rightarrow \sqrt{(X+1)^3} - X\sqrt{X+1} + \sqrt{(X-1)(X^2-1)} = ?$

A) $X\sqrt{X+1}$ B) $\sqrt{X+1}$ C) $\sqrt{X^2-1}$
D) $\sqrt{X-1}$ E) $X\sqrt{X-1}$

12. $\sqrt{\dfrac{3}{2}} + \sqrt{\dfrac{2}{3}} = ?$

A) $\dfrac{\sqrt{3}}{6}$ B) $6\sqrt{\dfrac{6}{5}}$ C) $3\dfrac{\sqrt{6}}{2}$

D) $\dfrac{5}{\sqrt{6}}$ E) $2\sqrt{6}$

13. $\sqrt{0.04} - 2\sqrt[3]{0.008} - \sqrt[4]{0.0016} + \sqrt{1.69} = ?$

A) 0.5   B) 0.6   C) 0.7   D) 0.8
E) 0.9

14. $\sqrt[3]{a^2}^{\frac{1}{}} = ?$

A) $\sqrt[3]{a^2}$ B) $\sqrt[3]{a}$ C) $\dfrac{\sqrt[3]{a}}{a}$

D) $\dfrac{\sqrt[3]{a^2}}{a}$ E) $\sqrt{a}$

15. $\sqrt{a}\cdot\sqrt[3]{b}\cdot\dfrac{1}{\sqrt[3]{ab}} = ?$

A) 1   B) $\sqrt{a}$ C) $\sqrt[3]{ab}$

D) $\sqrt[6]{a}$ E) $\sqrt[6]{ab}$

16. $\sqrt{2\sqrt[3]{2\sqrt{2}}} = ?$

A) $\sqrt[12]{2^8}$ B) $\sqrt[6]{2^5}$ C) $\sqrt[12]{2^5}$

D) $\sqrt[4]{2^3}$ E) $\sqrt[16]{2^8}$

17. $\sqrt[4]{\dfrac{x^3}{\sqrt[3]{x^2}}} : x^{\frac{7}{12}} = ?$

A) 0   B) 1   C) 2   D) 3   E) x^4

18. $\dfrac{\sqrt[3]{5} \cdot \sqrt{2}}{\sqrt[6]{10}} = ?$

A) $\sqrt[6]{10}$ B) $\sqrt[5]{15}$ C) $\sqrt[5]{20}$

D) $\sqrt[6]{25}$ E) $\sqrt[5]{200}$

19. $\sqrt[2]{2} \cdot \sqrt[3]{2} \cdot \sqrt{2} = ?$

A) $2\sqrt[3]{5}$ B) $2\sqrt[30]{2}$ C) $2\sqrt[15]{3}$

D) $2\sqrt[30]{7}$ E) $2\sqrt[30]{3}$

20. $\sqrt[4]{2\sqrt[3]{2\sqrt{2}}} = ?$

A) $\sqrt[16]{8}$ B) $\sqrt[4]{4}$ C) $\sqrt[8]{8}$

D) $\sqrt[24]{8}$ E) $\sqrt[12]{6}$

21. $\dfrac{\sqrt{300} - 2\sqrt{27}}{\sqrt{75} + \sqrt{3}} = ?$

A) 1 B) $\dfrac{1}{2}$ C) $\dfrac{2}{3}$

D) $2\sqrt{3}$ E) $3\sqrt{3}$

(Answers)					
1.E	2.B	3.C	4.B	5.C	6.A
7.D	8.E	9.E	10.A	11.A	12.D
13.E	14.C	15.D	16.D	17.B	18.C
19.B	20.C	21.B			

1. $\sqrt{\sqrt{0.0036}+\sqrt{0.09}}.\dfrac{10}{\sqrt{2}} = ?$

A) 3   B) $5\sqrt{2}$ $\sqrt{3}$

D) $3\sqrt{2}$ E) 5

2. $\dfrac{\sqrt[6]{(64)^{-1}}}{\sqrt[3]{4}.\sqrt[4]{4}}.\sqrt[6]{2} = ?$

A) $\dfrac{1}{2}$ B) 2   C) 8   D) $\dfrac{1}{4}$

E) $\sqrt[6]{2}$

3. $\dfrac{\sqrt{32}-\sqrt{45}+\sqrt{2}-\sqrt{20}}{\sqrt{5}-\sqrt{2}} = ?$

A) -5   B) $\sqrt{5}+\sqrt{2}$ C) 4

D) $\sqrt{2}$ E) $3\sqrt{5}$

4. $\sqrt[n]{\overline{a^{n-1}}}^{a}=?$

A) $\sqrt[n]{a}$ B) $\sqrt[n]{a^1}$ C) $\sqrt[n]{a^{n+1}}$

D) $\sqrt[1]{a}$ E) $^{n-1}\sqrt{a}$

5. $\sqrt{48}-\sqrt{12}-\sqrt{\dfrac{4}{3}}\cdot\sqrt{\dfrac{1}{3}}=?$

A) 0 B) 1 C) $\sqrt{3}$

D) $\dfrac{1}{3}\sqrt{3}$ E) $\dfrac{2}{3}\sqrt{3}$

6. $\sqrt{1.21}-35\cdot\sqrt[3]{0.008}-10\cdot\sqrt[4]{\dfrac{0.0016}{(0.25)^2}}=?$

A) 0 B) $\dfrac{1}{2}$ C) $\dfrac{2}{3}$ D) 5 E) 11

7. $2-[3:(\sqrt{3:2})^2-2:(\sqrt{2:3})^2]-3=?$

A) -3 B) -2 C) 0

D) $\dfrac{2}{3}$ E) $\dfrac{3}{2}$

8. $(\sqrt[9]{\sqrt[3]{27x^6}})^2 \cdot (\sqrt[6]{\sqrt[4]{x^8}})^2 = ?$

A) X   B) $2\sqrt{X}$ C) $3\sqrt{X}$

D) $X\sqrt{X}$ E) $2x^2$

9. $\sqrt{18} - \sqrt[3]{16} - 3\sqrt{2} + \sqrt[3]{54} = a^3\sqrt{2} = ?$

A) -1 B) 0 C) 1

D) $\sqrt[3]{2}$ E) $\sqrt{2}$

10. $\dfrac{5\sqrt{\dfrac{1}{2}} - \sqrt{0.5} + \sqrt{200}}{\sqrt{8}} = ?$

A) 12   B) $6\sqrt{2}$ C) 6

D) 4   E) $2\sqrt{2}$

11. $4\sqrt{45} - 2\sqrt{80} - \sqrt[4]{25} = ?$

A) $3\sqrt{5}$ B) $2\sqrt{5}$ C) $\sqrt{5}$

D) 0   E) $9\sqrt{5}$

12. $\sqrt{45} - 10\sqrt{\dfrac{1}{5}} + \sqrt{80} - \sqrt[4]{25} = ?$

A) $3\sqrt{5}$ B) $7\sqrt{5}$ C) $4\sqrt{5}$
D) $5\sqrt{5}$ E) $2\sqrt{5}$

13. $3\sqrt{\dfrac{4}{3}} - 2\sqrt{\dfrac{25}{3}} + \sqrt{\dfrac{49}{3}} = ?$

A) $\sqrt{3}$ B) $2\sqrt{3}$ C) $3\sqrt{3}$
D) $\dfrac{\sqrt{3}}{3}$ E) $5\sqrt{3}$

14. $\dfrac{\sqrt{5.76} + \sqrt{2.89} + \sqrt{1.96}}{\sqrt{0.49} + \sqrt{0.15}} = ?$

A) $\dfrac{1}{2}$ B) 2 C) 3
D) 4 E) 5

15. $\sqrt{8.1} + \sqrt{4.9} - \sqrt{12.1} = ?$

A) $\sqrt{10}$ B) $2\sqrt{10}$ C) $\dfrac{\sqrt{10}}{2}$

D) $\dfrac{\sqrt{10}}{5}$ E) 5

16. $\sqrt{\dfrac{4}{25} - \dfrac{3}{5} + \dfrac{9}{16}} = ?$

A) -1   B) 2   C) $\dfrac{1}{3}$

D) $\dfrac{7}{20}$ E) $\dfrac{1}{4}$

17. $\dfrac{7}{\sqrt{7} - \dfrac{3}{\sqrt{7} - \dfrac{3}{\sqrt{7}}}} = ?$

A) 1   B) $\dfrac{1}{4}$ C) $4\sqrt{7}$

D) 4   E) $2\sqrt{7}$

18. $3\sqrt{0.64} + 8\sqrt{0.49} = ?$

A) 4   B) 5   C) 6   D) 7   E) 8

19. $\sqrt[3]{\dfrac{6}{7^{1-3X}} + \dfrac{7^{3X}}{7}} = ?$

A) 7^{2X} B) 7^{3X} C) 7^{X}

D) 7   E) 49

20. $\dfrac{\sqrt{252}}{\sqrt{7}} + \dfrac{\sqrt{27}}{\sqrt{\dfrac{1}{3}}} = ?$

A) 1   B) 3   C) 6

D) 9   E) 15

21. $\sqrt{0.21 + \sqrt{0.0016}} + \sqrt{0.53 - \sqrt{0.000064}} = ?$

A) 1   B) 0.3   C) 1.1

D) 1.2   E) 1.5

22. $4\sqrt{2.52} - 2\sqrt{3.43} = ?$

A) $\sqrt{7}$ B) $2\sqrt{7}$ C) $3\sqrt{7}$

D) 0   E) 1

23. $\sqrt[5]{0.008} : \sqrt[5]{25} = ?$

A) 1   B) 0.1   C) 0.2   D. 0.6   E) $50^{\frac{1}{}}$

24. $\sqrt[3]{0.5} \cdot \sqrt[6]{0.25} \cdot \sqrt[12]{0.0625} = ?$

A) 1   B) $\frac{1}{2}$ C) $\frac{1}{4}$ D) 5   E) $\frac{1}{5}$

(Answers)					
1.D	2.D	3.A	4.B	5.C	6.A
7.C	8.E	9.C	10.C	11.A	12.C
13.A	14.E	15.C	16.D	17.C	18.E
19.C	20.E	21.D	22.A	23.C	24.B

1. $(4\sqrt{5} - 2\sqrt{3})^2 - (4\sqrt{5} + 2\sqrt{3})^2 = ?$

A) $32\sqrt{15}$ B) $16\sqrt{15}$ C) $-20\sqrt{15}$
D) $-24\sqrt{15}$ E) $-32\sqrt{15}$

2. $\sqrt{6 - \sqrt{6 - \sqrt{6 - \sqrt{6......}}}} = ?$

A) 1 B) 2 C) 3 D) 6 E) 36

3. $\sqrt{3\sqrt{3\sqrt{3.......}}} = a \Rightarrow a^2 = ?$

A) 3 B) 6 C) 9 D) 12 E) 36

4. $\sqrt[3]{49 \cdot \sqrt[3]{49 \cdot \sqrt[3]{49.........}}} = X$

$\sqrt{4\sqrt{4\sqrt{4..........}}} = Y \Rightarrow x^2 - Y = ?$

A) 3 B) 4 C) 7 D) 45 E) 53

5. $\sqrt{6+\sqrt{6+\sqrt{6........}}} = ?$

A-2   B)-3   C)0

D)2   E)3

6. $\sqrt{7-2\sqrt{12}} + \sqrt{8+2\sqrt{15}} = ?$

A) $2+\sqrt{5}$ B) $2-\sqrt{5}$ C) $\sqrt{5}+1$ D) $2\sqrt{3}$

E) $\sqrt{3}$

7. $\sqrt{5+2\sqrt{6}} + \sqrt{8-2\sqrt{15}} - \sqrt{9-4\sqrt{5}} = ?$

A) $3+\sqrt{3}$ B) $5\sqrt{2}$ C) $2+\sqrt{2}$

D) $4+\sqrt{5}$ E) $2\sqrt{3}$

8. $\dfrac{4}{\sqrt{10+2\sqrt{21}}} + \sqrt{3} = ?$

A) $4\sqrt{3}$ B) $5\sqrt{2}$ C) $6\sqrt{7}$

D) $\sqrt{7}$ E) $2\sqrt{3}$

9. $\sqrt{5+2\sqrt{4}}\cdot\sqrt{5-2\sqrt{4}} = ?$

A) 2   B) 3   C) 4
D) 9   E) 16

10. $\dfrac{1}{\sqrt{6-2\sqrt{8}}} - \dfrac{1}{\sqrt{6+2\sqrt{8}}} = ?$

A) $\sqrt{2}$ B) $\sqrt{3}$ C) $2\sqrt{3}$
D) $2\sqrt{2}$ E) $3\sqrt{2}$

11. $\sqrt{\dfrac{\sqrt{3}+1}{\sqrt{3}-1}} - \sqrt{\dfrac{\sqrt{3}-1}{\sqrt{3}+1}} = ?$

A. $2\sqrt{3}$ B) $-\sqrt{3}$ C) $-2\sqrt{3}$
D) $\sqrt{2}$ E) 3

12. $\dfrac{\sqrt{3}+\sqrt{5}}{\sqrt{3}-\sqrt{5}} - \dfrac{\sqrt{3}-\sqrt{5}}{\sqrt{3}+\sqrt{5}} = ?$

A) $-\sqrt{15}$ B) $-2\sqrt{15}$ C) $-3\sqrt{15}$

D) $-4\sqrt{15}$ E) $\sqrt{15}$

13. $\sqrt{2\sqrt{\dfrac{1}{X}}} = 2 \Rightarrow X = ?$

A) 2^{-6} B) 2^{-5} C) 2^{-4}

D) 2^{4} E) 2^{5}

14. $\dfrac{\sqrt[8]{16}\cdot\sqrt[4]{0.25}}{\sqrt{0.1}} = ?$

A) 10 B) $2\sqrt{5}$ C) $\sqrt{6}$

D) $\sqrt{10}$ E) $4\sqrt{5}$

15. $\sqrt[a]{\dfrac{9^{a+1} - 3^{2a}}{8 \cdot 3^{a}}} = ?$

A) 1 B) 2 C) 3

D) 3^a E) 3^{-a}

16. $\sqrt[8]{2\sqrt{2}} = a \Rightarrow \sqrt[3]{a^{16}} = ?$

A) 1   B) 2   C) 4
D) 8   E) 16

17. $\dfrac{1}{\sqrt{0.08}} + \dfrac{2}{\sqrt{0.32}} = ?$

A) 1   B) $\sqrt{2}$ C) 10
D) $5\sqrt{2}$ E) $2\sqrt{3}$

18. $\sqrt{3\sqrt[3]{X}} = \sqrt[3]{2\sqrt{3}} \Rightarrow X = ?$

A) 3   B) 6   C) 27
D) $\dfrac{4}{9}$ E) $\dfrac{3}{2}$

19. $\dfrac{\sqrt{6X} - \sqrt{3X}}{\sqrt{2} - 2} = -\sqrt{6} \Rightarrow X?$

A)$\sqrt{2}$ B)$\sqrt{5}$ C)4

D)2   E)$\sqrt{22}$

20. $(\sqrt{3}+\sqrt{2})^{100} \cdot (5-\sqrt{24})^{50} = ?$

A)-1   B)1   C)3^{40}

D) 2^{100} E) $(\sqrt{3}+\sqrt{2})^{50}$

21. $\sqrt[3]{5\sqrt[4]{5\sqrt[3]{5}}} = 5^X \Rightarrow X = ?$

A)$\dfrac{4}{9}$ B)$\dfrac{4}{5}$ C)$\dfrac{8}{9}$

D)$\dfrac{6}{5}$ E)2

22. $\sqrt{8-27-\sqrt{48}} = ?$

A) $\sqrt{3} - 1$ B) $\sqrt{3} + 1$ C) $\sqrt{3} + \sqrt{2}$

D) $\sqrt{3} + 2$ E) $2\sqrt{3} + 2$

(Answers)					
1.A	2.D	3.A	4.B	5.B	6.E
7.E	8.C	9.C	10.D	11.E	12.A
13.C	14.D	15.C	16.B	17.D	18.D
19.C	20.E	21.A	22.B		

13. $\dfrac{\sqrt{36}}{\sqrt[4]{81}}=?$

A) 5   B) 4   C) 3   D) 2   E) 1

(Solution)

$$\dfrac{\sqrt{36}}{\sqrt[4]{81}} = \dfrac{\sqrt{6^2}}{\sqrt{3^4}} = \dfrac{6}{3} = 2$$

-Answer D

14. $\dfrac{\sqrt[3]{128} + \sqrt[3]{16}}{\sqrt[3]{2}} = ?$

A) $\sqrt[3]{2}$ B) $2\sqrt[3]{2}$ C) $3\sqrt[3]{2}$ D) 3   E) 6

(Solution)

$$\dfrac{\sqrt[3]{128} + \sqrt[3]{16}}{\sqrt[3]{2}} = \dfrac{\sqrt[3]{2^6} \cdot \sqrt[3]{2} + \sqrt[3]{2^3} \cdot \sqrt[3]{2}}{\sqrt[3]{2}}$$

$$\dfrac{4\sqrt[3]{2} + 2\sqrt[3]{2}}{\sqrt[3]{2}} = 6\dfrac{\sqrt[3]{2}}{\sqrt[3]{2}} = 6$$

-Answer E

15. $x^a = \sqrt{5} \Rightarrow x^{-4a} = ?$

A) $\dfrac{1}{125}$ B) $\dfrac{1}{25}$ C) $\dfrac{1}{5}$ D) 5   E) 25

Cozum(Solution)

$x^a = \sqrt{5} \Rightarrow x^{-4a} = (x^a)^{-4}$

$(\sqrt{5})^{-4}$

$\dfrac{1}{(\sqrt{5})^{-4}} = \dfrac{1}{25}$

-Answer B

16. $\dfrac{\sqrt{10}}{\sqrt{2}+\sqrt{6}} + \dfrac{\sqrt{10}}{\sqrt{6}-\sqrt{2}} = ?$

A) $\sqrt{2}$ B) $\sqrt{3}$ C) $\sqrt{5}$ D) $\sqrt{15}$ E) $2\sqrt{15}$

(Solution)

$\dfrac{\sqrt{10}}{\sqrt{2}+\sqrt{6}} + \dfrac{\sqrt{10}}{\sqrt{6}-\sqrt{2}}$

$$= \frac{(\sqrt{5}-\sqrt{2})\ (\sqrt{5}+\sqrt{2})}{\sqrt{60}+2\sqrt{10}+\sqrt{60}-2\sqrt{10}}$$
$$\qquad\qquad 6-2$$

$$= \frac{2\sqrt{60}}{4}$$

$$= \frac{8\sqrt{15}}{4} = 2\sqrt{15}$$

-Answer E

17. $\sqrt{-X+2\sqrt{X-1}}+\sqrt{Y-\sqrt{2Y-1}}=0 \Rightarrow X+Y=?$

A)2   B)3   C)4   D)5   E)6

(Solution)

$\sqrt{-X+2\sqrt{X-1}}+\sqrt{Y-\sqrt{2Y-1}}=0$

$\Rightarrow -X+2\sqrt{X-1}=0 \qquad Y-\sqrt{2Y-1}=0$

$2\sqrt{X-1}=0 \qquad\qquad Y=\sqrt{2Y-1}$

$X=2\sqrt{X-1} \qquad\qquad (Y)^2=(\sqrt{2Y-1})^2$

$(X)^2=(2\sqrt{X-1})^2 \qquad Y^2=2Y-1$

$X^2=4X-4 \qquad\qquad Y^2-2Y+1=0$

$X^2 - 4X + 4 = 0$ $\qquad$ $(Y-1)^2 = 0$

$\Rightarrow X = 2 \Rightarrow X + Y = 2 + 1 = 3 \qquad \Rightarrow Y = 1$

1. $\dfrac{\sqrt{aa}.\sqrt{bb}}{\sqrt{a}\sqrt{b}} = ?$

A) $11\sqrt{a}$ $\qquad$ B) $11b$ $\qquad$ C) 10

D) $\sqrt{a}$ $\qquad$ E) 11

2. $a, b \in R$

$a.b = 16 \Rightarrow \sqrt[4]{a\sqrt{b}}.\sqrt[4]{b\sqrt{a}} = ?$

A) $\sqrt{2}$ $\qquad$ B) $2\sqrt{2}$ $\qquad$ C) $2 + \sqrt{3}$

D) $4 + \sqrt{3}$ $\qquad$ E) 8

3. $\dfrac{\sqrt{3}-2}{1+\sqrt{2}} = P \Rightarrow \dfrac{1-\sqrt{2}}{2+\sqrt{3}} = ?$

A) p   B) $\sqrt{3}P$ C) 2P

D) 3P   E) 4P

4. $\sqrt{2\sqrt[3]{X}} = 2\sqrt{2} \Rightarrow X = ?$

A) 4   B) 8   C) 16

D) 32   E) 64

5) $\dfrac{X - \sqrt{45} + 20}{\sqrt{180} - X} = 4 \Rightarrow X = ?$

A) $8\sqrt{5}$ B) $5\sqrt{5}$ C) $2\sqrt{8}$

D) $\sqrt{5}$ E) 2

6. $\dfrac{\sqrt[3]{(-4)^3}}{\sqrt{(-4)^2}} + \dfrac{\sqrt{(-7)^2}}{\sqrt{49}} = ?$

A) 0   B) 1   C) 2   D) 3   E) 6

7. $3^X + 3^{X-2} = 30 \Rightarrow \sqrt[X]{0.125} = ?$

A)$\dfrac{1}{5}$ B)$\dfrac{\sqrt[3]{3}}{5}$ C)$\dfrac{1}{2}$

D)$)\dfrac{1}{8}$ E)1

8. $\sqrt[4]{3\sqrt[3]{X}} = \sqrt[4]{27\sqrt[3]{3}} \Rightarrow X = ?$

A)$3^{\frac{1}{12}}$ B)$3^{\frac{1}{3}}$ C)3^3

D)3^8 E)3

9. $5^a = x$

$\sqrt{x^2\sqrt{x}} = 25 \Rightarrow a = ?$

A)$\dfrac{1}{5}$ B)1   C)$\dfrac{8}{5}$

D)2   E)8

10. $(5\sqrt{2} + 2\sqrt{3})^2 = X + Y\sqrt{150} \Rightarrow X + Y = ?$

A)16   B)32   C)48   D)54

E)66

11. $\sqrt{36X+36}+\sqrt{9X+9}=18 \Rightarrow X=?$

A)2   B)3   C)4

D)5   E)6

12. $\sqrt[n]{16^6+8^8} \in z \Rightarrow \min(n)=?$

A)16   B)20   C)24

D)25   E)10

13. $\sqrt[4]{\dfrac{1}{81}+\dfrac{1}{144}-\dfrac{1}{54}}=?$

A) $\dfrac{2}{3}$ B) $\dfrac{1}{3}$ C) $\dfrac{1}{6}$

D) $\dfrac{1}{9}$ E) $\dfrac{1}{2}$

14. $\sqrt{2^{X+3} + 2^X} = 48 \Rightarrow X = ?$

A) 4   B) 5   C) 6

D) 7   E) 8

15. $X + a = \sqrt{a^2 + 6}$ $\Rightarrow$ x.y=?

    $y - a = \sqrt{a^2 + 6}$

A) 6   B) 9   C) 12

D) 15   E) 24

16. $\sqrt{4^{X-1} \cdot \sqrt{2^X}} = 16 \Rightarrow X = ?$

A) $\sqrt[3]{2}$ B) 2   C) 4

D) $\sqrt{2}$ E) $2\sqrt{2}$

17. $\sqrt[3]{a\sqrt{a}} = 2 \Rightarrow \sqrt{a\sqrt{a}} = ?$

A) $\sqrt{2}$ B) 3   C) $2\sqrt{2}$

D) 4   E) $3\sqrt{2}$

18. $\sqrt{22.5} + \sqrt{8.1} = a\sqrt{10} \Rightarrow a = ?$

A) $\dfrac{12}{5}$ B) $\dfrac{11}{5}$ C) $\dfrac{3}{5}$

D) 2   E) 3

19. $(\sqrt{2} - 1)^2 \cdot (\sqrt{6} + \sqrt{3})^2 = ?$

A) 3   B) 2   C) 1

D) $\sqrt{2}$ E) $\sqrt{3}$

20. $\dfrac{a}{b} - \dfrac{b}{a} = 4 \Rightarrow \sqrt{\dfrac{a^4 + b^4}{a^2 b^2} + 46} = ?$

A) 6   B) 7   C) 8

D) 9   E) 10

21. $\sqrt{\dfrac{15}{4^{1-a}} + 4^{a-1}} = 64 \Rightarrow a = ?$

A)2   B)3   C)4   D)5   E)6

22. X+Y=0 $\Rightarrow (X + \sqrt{X^2 + 1}) \cdot (Y + \sqrt{Y^2 + 1}) = ?$

A)1   B) $x^2 - 1$ C) $2x^2 - 1$

D)-1   E) $2x^2$

23. $X, Y \in R$

$\sqrt{X - 2Y} + \sqrt{Y + 2} = 0 \Rightarrow Z = ?$

X+Y-Z=8

A)-16   B)-14   C)-12

D)-6   E)-3

(Answers)							
1.E	2.B	3.A	4.E	5.B	6.A		
7.C	8.E	9.C	10.E	11.B	12.D		
13.C	14.E	15.A	16.C	17.A	18.A		
19.A	20.C	21.D	22.A	23.			

1. $\dfrac{\sqrt{6}+\sqrt{2}}{\sqrt{6}-\sqrt{3}+\sqrt{2}-1}\cdot\dfrac{2}{\sqrt{2}}=?$

A) 2   B) $\sqrt{2}$ C) $1+\sqrt{2}$

D) $2+\sqrt{2}$ E) 4

2. $\sqrt{(1+\sqrt{5})^2}\cdot\sqrt{6-2\sqrt{5}}=?$

A) $-\sqrt{5}$ B) -1 C) 1

D) 14   E) 9

3. $X,Y \in R$

$\sqrt{\dfrac{X}{Y}}+\sqrt{\dfrac{Y}{X}}=3X+3Y \Rightarrow X\cdot Y=?$

A) $\dfrac{1}{9}$ B) $\dfrac{1}{3}$ C) 1

D) 3   E) 9

4. $\sqrt[3]{24 + \sqrt[3]{X\sqrt[3]{8}}} = 3 \Rightarrow X = ?$

A) 21 B) 25 C) 27

D) 34 E) 40

5. $\dfrac{\sqrt[3]{4^{X+1}}}{\sqrt[3]{8^{X-1}}} = 16 \Rightarrow X = ?$

A) $-\dfrac{13}{5}$ B) $-\dfrac{11}{5}$ C) $-\dfrac{9}{5}$

D) $\dfrac{11}{5}$ E) $\dfrac{13}{5}$

6. $\sqrt[x]{0.16} = a \Rightarrow a^{x+1} = ?$

A) $\dfrac{1}{6}$ B) 3   C) $\dfrac{5a}{3}$

D) $\dfrac{a}{3}$ E) $\dfrac{a}{6}$

7. $\dfrac{1}{\sqrt{2}} + \dfrac{\sqrt{5 + 2\sqrt{3} + \sqrt{9}}}{\sqrt{6} + 2} = ?$

A) $3\sqrt{2}$ B) 3 C) $2\sqrt{2}$

D) 2 E) $\sqrt{2}$

8. $X = \dfrac{1}{\sqrt{3}+\sqrt{2}} \Rightarrow 5 - 2\sqrt{6} = ?$

A) 10X B) $10X^2$ C) X^2

D) $2X^2$ E) $3X^2$

9. $a = 1-\sqrt{3} \Rightarrow \sqrt{a^2} - \sqrt{(b-a)^2} + \sqrt[3]{-a^3} = ?$
$b = \sqrt{2}-1$

A) -2 B) -1 C) $\sqrt{3}-\sqrt{2}$

D) $2-\sqrt{3}$ E) $\sqrt{2}+\sqrt{3}$

10. $\dfrac{\sqrt{144}}{0.6} + \dfrac{\sqrt{2.56}}{0.2} - \dfrac{\sqrt{0.64}}{0.4} = ?$

A) 2 B) 4 C) 6

D)8   E)10

11. $\sqrt[3]{a\sqrt{b}} = \sqrt[6]{432} \Rightarrow a = b = ?$

A)5   B)7   C)9

D)12   E)15

12. $\sqrt{2} = 1.41 \Rightarrow \sqrt{18} + \sqrt{27} = ?$

$\sqrt{3} = 1.73$

A)9.42   B)9.48   C)10.12

D)10.32   E)10.56

www.ingramcontent.com/pod-product-compliance
Lightning Source LLC
Chambersburg PA
CBHW070304220526
45465CB00004B/1743